給

林女姬：

林芳米贈．

二〇〇〇年

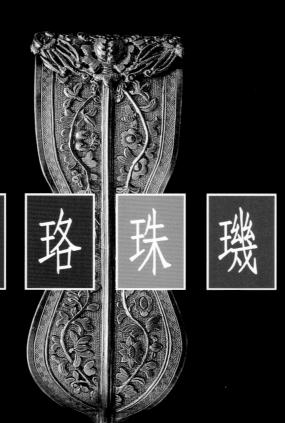

瓔珞珠璣

就以自由的心開始巴……

沒有積蓄，也可以結婚，

沒有積蓄，也可以雙雙辭去工作，

因為只想做自己生活的主人。

投入首飾製作多年，讓我最深切的體悟，

人的心識，是不斷流動，

無所謂恆久的堅持，今日的框架，

明日就蕩然無存。

14

16

16

19

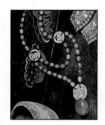

16

20

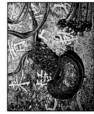

25

17

22

26

29

16

瓔

珞

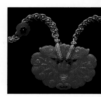

18

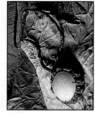

23

28

32

18

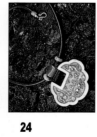

24

18

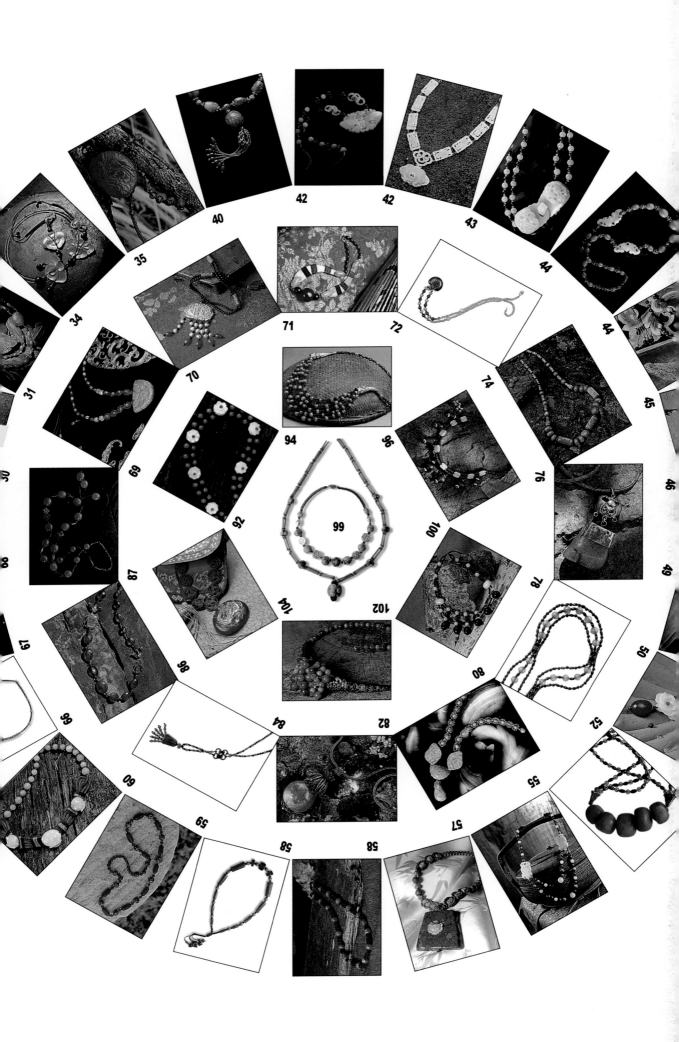

　　既然生而為群體的一份子，我們的思想與判斷力，從小就不得不受到種種教育上的暗示與限制。養成了習慣以後，即使是在「藝術」這個應該是無限自由的天地裡，依舊會充滿了許多有形和無形的框子。

　　這些框子幾乎無處不在，常常會自動出現，自告奮勇來替我們將經驗整理、分類，不但嚴重影響了我們的思想格局，更會誤導了我們原有天生自然的對於「美」的價值判斷。

　　譬如，由於遠自希臘時期，那幾位哲學家對於「靜觀」的高度贊許，就使得「勞心」與「勞力」兩者在創作上的關係，到今天還不能恢復到原本應該是「水乳交融」的層次。

　　譬如，在傳統社會裡，由於女性長期處於依附者的弱勢，使得天賦再高的才情也只能窒困於閨閣之中。即使像晉世蘇蕙那樣精深融徹而又婉轉自然的才思，在八百四十一字的「璇璣圖」中，巡還反復，竟然可放進三千八百多首詩作。可惜的是，如此幽深美麗的錦字迴文，在創作動機上，依然只能是屬於「閨怨」的一種而已。

　　又譬如，我們習慣上總是將「藝術品」定位在繪畫或者雕塑等等的作品之間，而在生活中非常貼近我們的小小物件，最多只能算作是「工藝」或者「器物」，如果再牽連到寶石和絲線，就只能稱它是「裝飾品」了。

　　因此，處身在這些有形和無形的框子間，我想要說服林芳朱女士，讓她相信她所設計編織而成的項鍊佩飾是真正的「藝術品」，就變成是有點困難的事了。

　　首先她非常謙虛，只敢承認一切都因為興趣，一切都只是機緣；又說自己不是專攻藝術的專業出身，都是因為有丈夫的引導；同時也說開設了「朱的寶飾」五年多來，只能算作是自己與白玉、蜜蠟、琥珀以及種種寶石間的一場從不設限的遊戲。

　　然而，這些都正是一位藝術家最優良的特質－－從興趣出發，不受專業教育的限制，自由自在地處理材質，才可能充分發揮自身那豐沛而又獨特的才情罷。

　　我與林芳朱女士素不相識，然而從進入「朱的寶飾」店門那一瞬間之後，對她的作品，真是充滿了「驚艷」的感覺。

　　是何等敏銳的色感！是何等細緻的心思！是何等創新的結構！而這一切，又是何等地自然天成！

　　這位藝術家擁有一雙與眾不同的慧眼，能夠看到那深藏在許多不同材質之中的呼應與關聯，才能設計出我們想像不到的搭配。一如超現實主義所贊嘆的那樣－－在出人意表的邂逅裡，得到前所未有的狂喜。

　　林芳朱女士也許真的不能自覺，她所擁有的是多麼豐厚的天賦。因為，她並不知道，她所看到的，眾人並不能預先看到。

　　但是，等她把這些藝術品展示在眾人眼前之時，我們都會完全同意，只有這樣設計，才能凸顯出那材質特有的美感。

　　「朱的寶飾」如今已經成了許多人平日生活中的一處景點，是心靈的補給站。進入店中，不一定要購買，光只是觀賞那慧心巧思，就會得到很大的安慰。那玉石，那琥珀，從漢朝到明朝到今日，都是女子心上與手中的的依戀，而透過林芳朱女士的設計，彷彿重新給了它們生命，更讓人不捨，更令人敬重。

　　很樂意為這本書寫幾句話，更希望林芳朱女士能夠跳脫這個社會既定的眾多限制，成為一位更自由與更有自信的創作者！祝福！

林芳朱

　　說起編結設計飾品這檔事，該是大四那年，那時坊間正流行著中國結藝，偶然間，我買了一本結藝的書，卻一頭栽進了這個「結」裡，結下了不解之緣。

　　也許該感謝媽媽取了個「朱」字這個字，「朱」字與珠寶、圓珠、珠飾都有關，因而我自覺比別人多了那麼一點對珠子飾品的感情，也因此這些珠飾，成了我生活中的寶貝，「朱的寶飾」也因而誕生。

　　所謂無心插柳柳成蔭；開始設計飾品時，自己一點也不自覺，只覺得古玉、珠飾，是那麼樣的美，光是放在盒子裡，似乎缺少了一點什麼，於是我用線、用結、用色彩，去給了它們生命，因此一切都鮮活起來了，戴著它，無限喜悅；朋友常問：「這耳環、項鍊在那兒買的啊？」於是就廢開始了「朱的寶飾」，這樣一路玩下來，不知不覺，竟也五年了。

　　開始嘗試設計飾品時，主攻銀飾與白玉，喜歡將銀件結合一些玉器、珊瑚及半寶石的材料加以設計，漸漸地由於「大漢沙文主義」的心理作祟，覺得自己的作品太「塞外」，因此開始「中國」起來，著手於白玉的設計，很幸運地，在此時我認識了一群賞玉知玉的「老」朋友，他們年紀約五、六十歲，我在他們的眼中可說是「小」女孩，「老」朋友教「小」女孩識了幾年的玉，「小」女孩也因此受益匪淺，因而對於古玉、白玉的選擇比別人多了點「古意」。

　　接著我開始喜歡收集、設計蜜蠟、琥珀，因為我發覺那是最「溫暖」的飾品，材質上輕巧，顏色上溫潤，比起玉的設計更能發揮設計的效果，由於自己習慣於古玉的收集，當然蜜蠟、琥珀也因此獨鍾於老蜜蠟、琥珀或特殊形式的琥珀，直至現在，蜜蠟、琥珀的造形設計仍佔我個人飾品中很重要的角色。

　　進一步，我開始貪心起來，珊瑚、松石、水晶、碧璽、琉璃各類半寶石，材質的運用琳瑯滿目，風格上亦從「古典」到「半古典」，由「點」、「線」至「面」的玩起各種不同材質的遊戲，一場從不設限的作品遊戲。

　　朋友們都以為我編的是傳統的「中國結」，其實我自知自己從不按牌理出牌，只要能調和、順暢，能表現出飾品的特色，我都去嘗試，用各種材質的線、尼龍、絲線、皮線、金蔥線、銀線等，我總認為飾品的美在於顏色的協調，能表現出主題的歷史背景，那麼作品自然就有生命，有生命的漂亮的飾品是會說話的，佩帶在身上，總會令人讚嘆不已！

　　當然有時候，我也會碰到創作瓶頸，懷疑、發牢騷，對自己不滿的情況，所幸的是我有一位善解人意，創作領域很高的先生，他像一盞明燈一樣，隨時都給我取之不盡的靈感；我的設計竭盡時，取而代之的就是他的，我們兩個像一座翹翹板一樣，永遠平衡和諧，所以雖是「朱的寶飾」，但其中大半亦有其我先生的精神，在此我要特別地謝謝他。

　　另外這一路走來，我也要特別感謝指導識玉的許誠老師、及創業初期幫助我許多的游瓊瑛小姐，及給我許多作品創新觀念的粘碧華老師。

　　飾品的佩帶，代表著一個人的品味、風格，自己也沒想到當初這麼「無心插柳」的創作，如今會成為飾品風潮；想到有這麼多顧客已成為我的好朋友，世間的快樂莫過於此，在此我亦要特別地謝謝他們不吝將幾年來我的作品借還我拍照。最後，此書能順利出版，我還要特別感謝張宏實先生及文字珠璣的周曉春小姐、美編蔡慧娜小姐，並希望藉由此書的出版，將我的作品分享給更多的同好者。

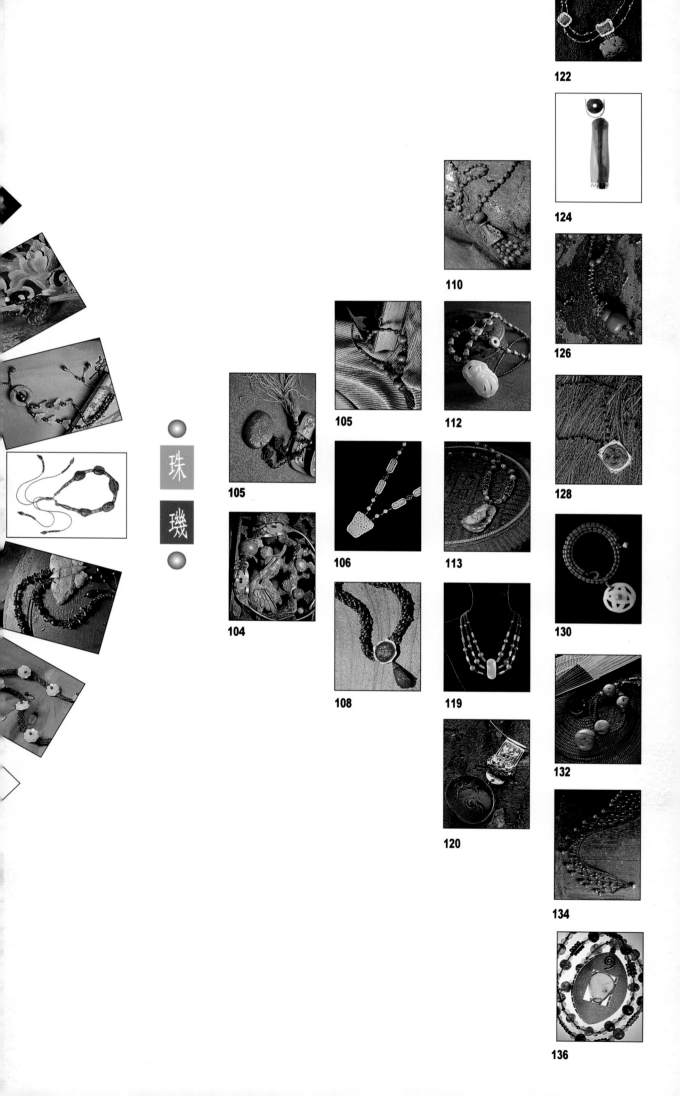

珠
璣

122

124

110

105

105

104

106

108

105

112

113

119

120

126

128

130

132

134

136

珠瓔珞璣

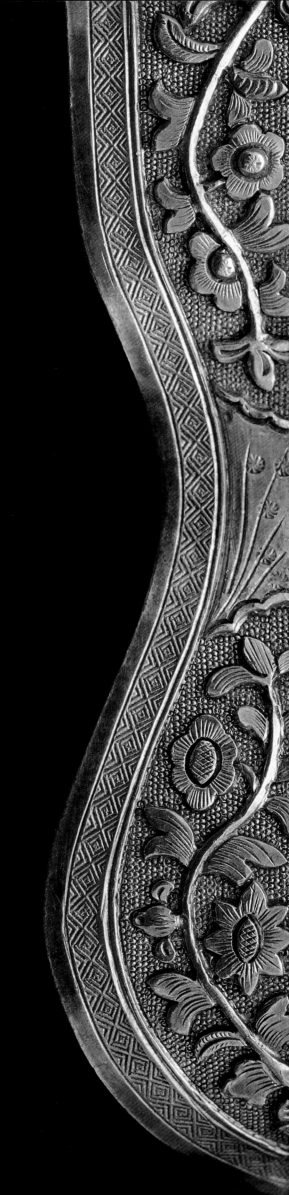

卻隱含著許許多多心情的煎熬，

沒有背面的掙扎，也就沒有光彩流露的正面。

大多數的人，看到的是美麗與鮮華的創作品，

但是，在這些光亮的背面，

卻隱含著許許多多心情的煎熬，

沒有背面的掙扎，也就沒有光彩流露的正面。

曾是替紅顏女子，訴說款擺風情的挑牌，
即使挑牌被遺忘在塵封的角落，
仍不失其純美的心靈，
當它再度被發掘，
仍是靜默地散發其無塵溫婉的光芒，
讓佩帶的女子，增添自信神采。

1995   攝影／王林生

構成素材：
景泰藍挑牌、橘黃色老松香蜜蠟

創作構思：
老松香蜜蠟圓珠搭配老景泰藍挑牌，
構成雙排長鍊，蜜蠟飽滿的橘黃，
襯托出景泰藍醇厚的光澤，
簡單的圓與花紋幽曲的景泰藍相互搭配，
更突顯整條長鍊深凝動人的丰姿。

深邃寧靜，透明透明，溫柔乾淨的藍，
美的令人心動起來，就好像一個絕色美女，
即使是她的背面丰姿，隱隱地有一股磁力，
吸引著人的眼睛，人的眼睛覺得很舒服，很受用，
願意一直對著美女的背影，看下去，看下去。

構成素材：
產於南美洲的藍色琥珀、鎏金花狀罩子、棕白相間的小玉璧
創作構思：
藍色的琥珀甚為稀有，
鎏金花罩子輕描淡寫的帶引出琥珀既深邃又乾淨的藍，
並以灰黃合金，數條並列的粗線，再纏上數段藍色與灰黃絲線，
藍琥珀自成一格的美，即自然流露無遺。

1995   攝影／王村

花總會凋零，人總會老，沒有誰能違逆宇宙的自然律，
但是花朵的精靈，卻貼心地，
藉由白玉花復甦，停格在時間的長河。
白玉花無言而深情，說出人們千古的心事——
繁華常在，青春不老。

構成素材：
大小白玉花朵五件、石榴石
創作構思：
雖同為造型類似的白玉花朵，細看仍可分出每朵個別的丰姿，
以紅色圓珠，將白玉花固定在雙排石榴石上，
如白玉花的花蕊。
整串項鍊不透明到半透明的光澤，
在溫婉略帶紅艷中流動著。
這串項鍊亦華麗亦質璞，幾乎不受場合佩帶限制。

1993   攝影／蔡量

1995   攝影／王

構成素材：
老松香蜜蠟珠、三件白玉雕件
創作構思：
這條鍊飾結構看似簡潔，其實有著多重交錯的律動，
以三件細緻白玉雕件以及老松香蜜蠟圓珠，
在整條鍊飾的中段，形成類似空心的璜形結構，
造成視覺上直中有曲，實中有虛的空間迴旋情韻。
精準又細巧的心思，讓直線穿珠的可能性變得無寬廣。

從此，黑暗不再，冬天不再。

大圈圈圍著小圈圈

從此，冬天遠離了

深邃的眼睛

媽媽說那是多情的眼睛

畫一個小小的圓圈

從此，黑暗遠離了

暖暖地太陽

瑄瑄說那是鮮豔的大太陽

畫一個大大的圓圈

1996

攝影／王林生

是相當帥氣的一條項鍊。

戴起來的感覺有線條又柔軟，

特別的是此條項鍊的設計用絲線編結，

做單純的設計能使珠子的美呈現出來，

所以只要配合其鮮豔的顏色，

就是一種很美的飾品。

獨立的個體，

造形多變，

西亞琉璃古珠其特色顏色鮮豔，

創作構思：

西亞琉璃古珠、絲線

構成素材：

壽，只是指活得很長嗎？
壽，應是嘗盡人生眾味雜沓，
多重起伏錯落，終能清其心，寡其慾，
歲月的顏色和心情，都能凝煉成樸實無華的淨白素綠。

構成素材：
刻有壽字圖案的老翠玉鎖珮、半透明的瑪瑙珠
創作構思：
中國人在表達壽的形態，通常充滿了富貴堂皇的氣息，
這塊老翠玉鎖珮，壽字線條簡練，色澤素淡柔潤。
與交錯編結的瑪瑙珠相襯，流露簡淨與潤美。

1993　　　　　　　　　　　　攝影／蔡重

盛開的花朵，在枝頭迎風飛舞，將生命最美好的姿態，
在風、雨、雲、陽光中，盡情揮灑，
然後甘心情願的凋謝，結果子，落地，
歸於塵土，再生。

構成素材：
白玉花、小白玉璧、櫻桃紅蜜
創作構思：
以金屬線為璜形骨幹，再套線編結於金屬骨幹之外，
就形成中空的璜形結，並將白玉花縫在其上，
兩邊以小白玉璧，及櫻桃紅蜜串聯而成。
花的魅力，除了百看不厭的千變花姿，
就是順應自然的生命力。

1994　　　　　　　　　　　　攝影／王林

靈芝生長在人烟罕至的深山，吸取日月精華，
具有醫治百病，起死回生的靈效。
由於取得不易，在鄉野小說，及民間生活，

1995　　　　　　　　　　　　攝影／王林

許多動人的故事，治癒的希望，全都牽繫在靈芝身上。
若深入瞭解，靈芝是依朽木而生，
歷經自然天候嚴酷考驗，靈芝才成為靈芝。
人們將其當靈藥服用，還不如效法其精神當心藥，醫治波濤起伏的慾念。

構成素材：
鏤刻靈芝的白玉帶束、珊瑚珠串
創作構思；
素白不染塵的靈芝白玉帶束，
僅以藏青色粗線，編一空心璜形結，以珊瑚珠串在璜形結上連綴，
整條結構如在白色畫紙上，僅簡潔畫上兩三筆，即形成空靈雅緻的畫面。

世世代代傳承著人們的期待。

龍與鳳就這麼宿命的連結在一起，

投注在龍與鳳身上，

但是人們卻把對人間榮華富貴的極致期待，

能夠十足肯定龍與鳳的真實存在，

1995

攝影／王林生

以及紫色琉璃珠，在細膩中流露豪灑氣質。

將景泰藍與白玉龍鳳珮串聯，再點綴白玉圓珠，

色澤如此的調和優雅，是非常少見的。

以方形盤長連結的龍鳳珮為主墜飾，

兩邊各五個的老景泰藍，

創作構思：

白玉龍鳳玉珮、老景泰藍、白玉圓珠、紫色琉璃珠

構成素材：

自古沒有任何人，

琥珀珠如金艷陽光，因或疏或密白雲的變化，
向外放馳的光澤，擁有沈凝的力量，
當放馳與沈凝內斂交錯同存，陽光與白雲的面貌，
有了千折百轉的情韻。

1996 攝影／陳少維

構成素材：
老的大小切割面琥珀珠、四件銀胎景泰藍

創作構思：
來自歐洲質地極佳的琥珀珠，做百面角度切割，
因與老銀胎景泰藍搭配，
閃亮奔放光澤，多了幾分內斂的含蓄，
這條鍊飾的最大特色，
東西方材質並存，重組，
呈現出耀眼與含蓄交融，
華麗而深刻的優雅。

玫瑰花被當成愛情花,是因為其花容花姿,
神秘多變,難以輕易窺盡全貌;
玫瑰花漂浮在空氣中的香氣,
聞到的那一刹那,為之心神蕩漾,
嗅覺又想再次捕捉迷人香味,
玫瑰花的香氣,又不知隱沒在何方,
這種忽隱若現,難以窺盡,
真是像極了愛情。

1995

攝影/王林生

構成素材:
珊瑚雕刻的玫瑰花、珊瑚圓珠、深綠色的緬甸玉珠

創作構思:
粉橘色的珊瑚,
雕刻成秀雅正欲綻放的玫瑰花,
以墨綠色的線圈,
如花萼般托住粉橘玫瑰花,
由於纏繞線圈的設計,化解直線穿珠的單調,
增加婉約延伸的視覺效果。

如一王后端坐在典麗的大廳上，
傾國魅力以及獨擁的人間富貴，
令許多世間女子羨慕不已，
卻甚少人了解，
王后卻需比常人更多的智慧，
承擔歲月老去的不堪，及富貴的無常。
就如百花之王的牡丹花，
世人愛其凝香素雅，卻得獨自默默承受盛開後的凋謝。

1995

構成素材：
半圓弧形牡丹鑲片、黃藍粗線及絲線

創作構思：
原為帽正的白玉鑲件，
上雕牡丹花，
白潤、素雅，
已不需要繁複的陪襯，
只以色調氣韻相近的黃藍粗線，
做一框座，讓牡丹花玉件，能安坐其中。

瓔珞珠璣

帶在兒身，
安住兒心，
暗藏鎖珮上，
父母的心願，

1995

攝影／王林生

構成素材：
銀胎鎏金鎖珮、小玉圈、蜜蠟、深咖啡色皮線

創作構思：
銀胎鎏金鎖珮上雕飾福祿壽吉祥圖案，
雙面各書狀元及第與長命百歲，
造型的完整，可說是鎖珮形置的古典範本，
為了讓這塊銀胎鎏金鎖珮的典麗、華美，
不再塵封在舊時代的情境中，
以粗皮線做成短型項鍊，
賦予新時代帥氣洗練的味道，
並搭配曲線簡單、灰調子的小玉圈與蜜蠟，
讓線條端整的鎖珮，有了些許的灑然。

瓔珞珠璣

父母心願終得償。
望兒獲俗世幸福，
貼身祈護，
天涯每角，

1995

攝影／王林生

構成素材：
腰仔形銀鎖珮、銀珠、瑪瑙小圓珠、棗紅、灰紫雙色線

創作構思：
以棗紅、灰紫柔軟的繩線，
做網狀的編結，
曲線素簡的鎖珮，增添細婉變化，
棗紅、灰紫的色調，
使得肌里紋路豐圓的鎖珮，
淡掃一絲輕彩。

是誰將綿綿密密的相思，

寄託在細如米粒的珊瑚珠上，

一針一縫，

將思念，

將珊瑚珠穿結成圓滿的小花球，

隨著珊瑚花球一粒又一粒的完成，

思念的人是否終究會出現在眼前，

一圓長長久久的相思夢。

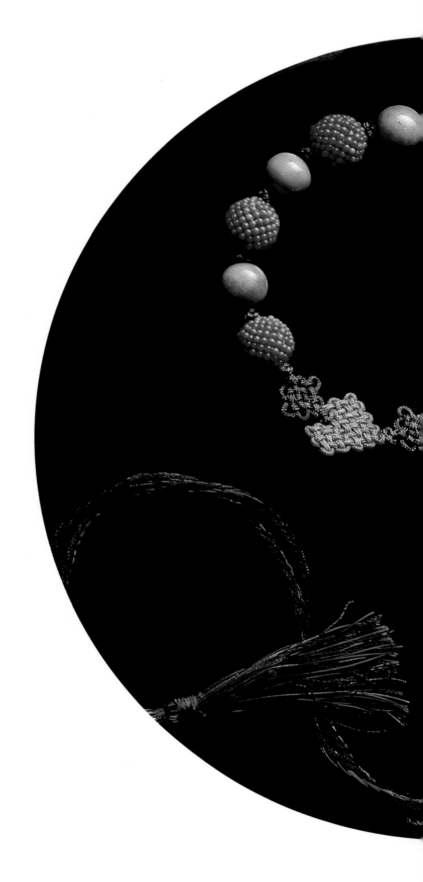

構成素材：

橘紅色珊瑚珠　白底青玉珠

創作構思：

繡球般的珊瑚珠，

是由極細的珊瑚小珠穿緝而成，

搭配素雅的白底青玉珠，

以及同色系的編結，

幽柔淡雅在珊瑚珠與白底青玉珠之間徐徐流動。

1993

Computer Graphic／蔡榮仁

攝影／蔡重賢

圓袱顛覆，

磨出雜陳五味的裂隙，

耳鬢廝磨中，

相守以成生命甜美的圓，

痴痴顛顛，

震懾住青春的心，

愛情的猛烈異香，

1993　　　　　　　　　　　　　　攝影／蔡重賢

構成素材：
蜜蠟珠、老銀器、銀穗子

創作構思：
簡樸的蜜蠟，
上串綴雕花老銀器，
下結合銀穗子，
讓蜜蠟晦藏的光澤顯影，
並使整條鍊飾流露出古雅的風格。

通往涅槃之彼岸。

同樣痴顛的眾生，

是牽引如賈寶玉

為何愛情的苦與樂，

終於了然，

磨難歷劫，

情愛米荒，

1993   攝影／蔡重賢

構成素材：
酒紅色蜜蠟（直徑2.5CM）、
米粒形綠松石、紅咖啡色小珠

創作構思：
穿珠由一變為三條，
由直線變為曲線纏繞，
雖僅是單純變化，
卻更顯酒紅色蜜蠟清明圓潤，
以及整條短項鍊明艷交融素逸。

縱有黑沼不纏心。

可掌握的身旁風景，

伸手可及，

總在不遠的將來，

人生美景，

看向未來，

雙眼總透過望遠鏡，

● 年輕時，

1994

攝影／蔡重賢

構成素材：
白玉珮、白玉圓珠、白玉橄欖形珠、
綠松石圓珠、石榴石

創作構思：
鏤雕「福在眼前」白玉珮為主墜飾，
大膽破除主墜飾居正中的結構。
巧妙之處為，如何在不對稱中，
仍維繫重量及視覺上的平衡感。

經歷了一些華麗與蒼涼，

心眼被開啓，

驀然回首，

才發現，

「福就在眼前」。

人生美景勿需遠求，

就在當下的此時此刻。

1994

攝影／王林生

構成素材：
清代龍珀、琥珀珠、
扁形小琥珀、管狀琉璃

創作構思：
雕工細潤，色調安雅清代龍珀，
是稀有的好品。
以色與質相同的琥珀珠，扁形小琥珀，
及管狀琉璃，在舒閑整齊有致中，
構成不對稱的結構，
同時整條鍊飾散發幽微的古意與璀璨。

1992   攝影／陳少維

我本是一塊堅硬的礦石，

被人稱為白玉。

有一天被一個雕刻師傅遇見，

就將本無形的我，

刻成所謂連生貴子的造型。

被賦予這麼吉祥意，

我似乎

就成了具有靈性的小娃兒。

那個母親擁有我，

似乎不久就會擁有光宗耀祖的貴子。

構成素材：
白玉小娃兒、老瑪瑙、菩提木珠、瑪瑙、銀珠

創作構思：
實心的璜形編結，為整條項鍊的重心，
編結過程最難的是如何形成，弦月形的弧度。
雕工活靈活現的連生貴子白玉娃娃，
與加了銀蓋子的老瑪瑙，
則與璜形結，
形成重量和視覺上的均衡美感。

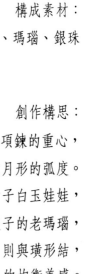

環環相扣的玉環，如無法說出的纏繞心事
茫茫人海中，既然尋不得一人可訴，
只好寄情於花花世界，
牡丹花負載著人們豐富的想像，
與多情的投射，塑造了牡丹花的尊榮與富貴。

1993

攝影／蔡重賢

構成素材：
淺雕牡丹花玉件、白玉三連環、
紅色蜜蠟、雪佛蘭珠

創作構思：
淺雕的玉質牡丹花，古典雅秀，
白玉三連環，串成人的花賞心事。

瓔珞珠璣

喜鵲站在花叢中報喜，報的是什麼喜？
金榜題名，加官晉爵，嫁個金龜婿，娶個美嬌娘，
還是提醒人們，遠離塵囂，拋除煩憂，
走入自然的靜謐，傾聽大地的聲聲細語。

1995

攝影／王林生

構成素材：
清代金絲珀鑲件、琥珀圓珠、
六面雕刻壽字琥珀圓珠

創作構思：
上雕喜鵲梅花金絲珀鑲件，
以同質地琥珀圓珠與編結方式，
構成其上的珠鍊，
使得這條項鍊同時結合點、線、面的元素，
成為旭清舒暢的律動。

35

瓔珞珠璣

一個創作者，

總會不斷尋找各形各色的素材，

以呼應自己內心的創作構想。

常常我獨自出門尋找素材回來，

一進門，

先生看著我手上拿著和巴掌差不多大小，

裝著材料的袋子，

他都會以玩笑的口吻說：

「哇！你又開一輛Benz回來了。」

別人眼中的「難看」，或是「朽木」，

常是創作上復甦與重生的根源。

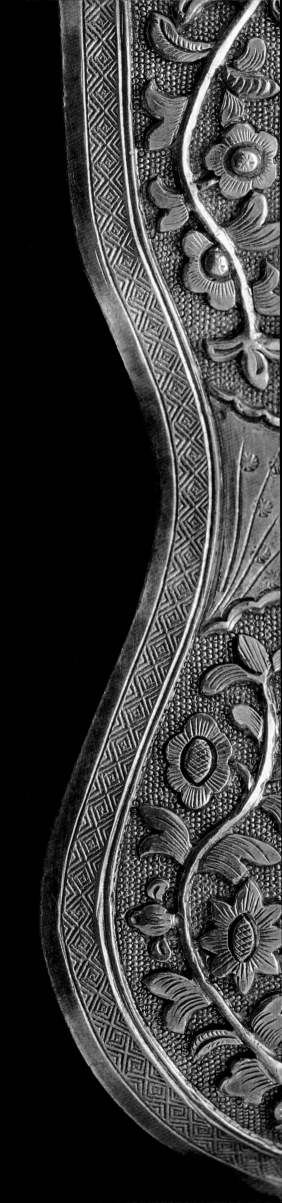

在面對琳瑯滿目，新舊交錯的材料，

實需抱持平常與平等不二的心，

別人眼中的「難看」，或是「朽木」，

常是創作上復甦與重生的根源。

要不是那神祕的藍綠，

我怎麼會成為西藏的國石，

要不是白蟻牽的紅線，

吐蕃怎能娶到文成公主，

要不是那片天藍的真誠，

我又怎能感動上蒼，

帶給人們永恆的財富。

1995   攝影／陳少維

構成素材：

西藏老綠松石、琉璃隔片

創作構思：

綠松石有著一個美麗的傳說，

藏王迎娶唐文成公主時，

被要求通過將一根細線穿過一顆有著曲折細孔的松石，

藏王則利用蟻后穿線，娶得美嬌娘。

另外綠松石亦為西藏的國石，亦可為貨幣用，

此條松石色澤優美，其不規則的天然造形用橘色調去搭配，

再設計下擺的流蘇，讓人覺得「石頭」的質感變輕了，

在視覺顏色的調配，讓人耳目一新。

經過繭內的黑暗，因緣成熟，

終於從醜陋蛻變為一隻清麗的彩蝶，

初見天日的彩蝶，

藉著風的浮力，在空中泳舞，

溫暖的陽光，暖和著蝶身。

並非每一個蛹繭

都能渡耐幽長的黑暗，

終能破繭成為一隻清麗的彩蝶。

就如人的靈魂，

不知要經過多少寒暑，

幾個世代，

才能如佛陀在樹下證道。

1994

42

瓔珞珠璣

八仙又聚在一起，乘雲海，
準備給王母娘娘祝壽。
為了討王母娘娘開心，
雖已具神力的仙人，
仍難改人的競爭較勁脾性，
各顯神通，誰也不願輸了誰。

構成素材：
重瓣白玉牡丹花、鏤空白玉雲結、
八件鏤雕白玉八仙圖案
創作構思：
能夠收集到這麼完整的八仙圖案玉件，
除了需要長時間的耐力與耐性，
還需一點機運。
整件作品的聚合，已達精緻完整之美，
實不需要添足的設計，
僅以銀鑲嵌將玉件彼此連綴，
完成畫龍點睛的美。

構成素材：

白玉蝴蝶墜飾、白玉連環套、

白玉圓珠、金絲琥珀圓珠

創作構思：

雕工栩栩如生的白玉蝴蝶為主墜飾，

內圓外為八角形、

四個相串連的白玉連環套，

更是稀見。

如金色陽光的金絲琥珀，

和白玉連環套、玉圓珠，

串聯了清麗彩蝶的蛻變故事。

Computer Graphic／蔡榮仁　　　攝影／蔡重賢

佛的雙手，
以恆古不變願力，
承接著人的需求，
不論人如何在輪迴中痴迷打滾，
當人向佛發出呼求，
佛的雙手總是舉重若輕捧起迷失的人心，
慈悲開示。

瓔珞珠璣

構成素材：
雕刻佛手、壽桃的白玉帶扣
白玉圓珠、紅琉璃珠、雪佛蘭小珠
創作構思：
原本是衣服腰帶的白玉帶扣，
由於並未受到原本腰帶扣，
單一功能的束縛，
白玉帶扣反而成為創作上新的契機，
於是將雕刻佛手、壽桃的白玉帶扣，
設計成開口在前的雙排頸鍊。

1994　　　　　　　　　　　　攝影／王林生

雙面雕工的白玉蝙蝠，

象徵人間的福與非福，

全在人的一念之間。

不盡然生活中的風和日麗，

才能開花結果，

生活中的悲辛，

也能開出繁花，

結出甜果。

1994

44

瓔珞珠璣

壽桃血珀像極了紅樓夢中的老祖宗，
因為生了貴女，入宮當了貴妃，
而讓賈家攀昇至貴冑世家，
她在兒孫的簇擁，捧寵中，
難道只是個享盡人間尊貴與富華，
糊里糊塗的老奶奶？
她的心眼深處，難道不明白，
由山下爬上頂峰，那由得了誰可以不下山。

1995　　　　　　攝影／王林生

構成素材：
壽桃血珀墜飾、刻花血珀及圓珠、白底青玉珠
創作構思：
整塊血珀上，刻出凹凸起伏的壽桃，
為了整體感，搭配同材質的刻花血珀及圓珠，
間隔以素綠白底青玉珠，
使血珀熾熱中散發些許清明透澈，
整條鍊飾富麗而清雅。

構成素材：

雙面雕工老白玉蝙蝠

大小不等老蜜蠟珠

半寶石綠色小珠緝成朵朵珠花

創作構思：

對稱規律排列的小珠花與老蜜蠟珠，

因雙面雕工老白玉蝙蝠的加入，

增加視覺焦點的空間深度，

老白玉白拙而灰樸的色調，

更顯出蜜蠟珠飽滿的色澤。

Computer Graphic／蔡榮仁　　攝影／蔡重賢

成群的蝴蝶在空中飛舞，
飛向青翠山谷，呼應山谷中
繁花的招喚，蝶不戀花，
蝶也失意，花也寂寥，
蝴蝶在山谷花叢中飛舞，
停駐，
才完成自然中，蝶戀花的圓滿。

瓔珞珠璣

1993　　　　　　　　　　　攝影／蔡重賢

構成素材：
玉蝴蝶、繩紋玉環、琥珀珠
創作構思：
六件形制相同的蝴蝶玉件，以及繩紋玉環，
都是甚少見的好品，能同聚在一起，
是難得的緣份。

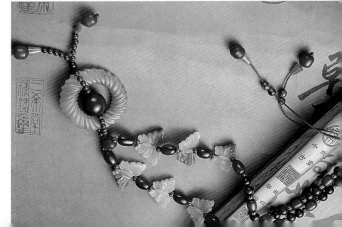

有光有亮，

有掌聲，

就把握機會展現深藏的絢爛；

無光無亮，

無掌聲，

就潛至幽靜角落自得；

心無「得」，

何來「失」，

不期待外在賞識，

真是人生的喜悅。

構成素材：
五件璧珀鑲件

創作構思：
繩線色調的選擇，
完全是陪襯及相應
璧珀內裏沈潛的絳紅光澤，
將璧珀縫貼在繩線上，
以最簡單的方式，
正面呈現璧珀深寂的靜美。

1992

攝影／陳少維

蝴蝶就這麼毫不後悔地飛來，

凝住在古拙的玉珮上。

小翠玉壽桃、石榴石、琥珀也趕來相依，

只為了完成一場祝福的盛宴，

守住一個世世代代都不會改變的承諾－－－－

護著來了又去，去了又來的人們，

都能「福壽雙全」地完成人間情事。

「福壽雙全」的隆盛心意，雖不能人人都獲得，

但甚少有人會拒絕如此被祝福。

構成素材：
雕工古拙的蝴蝶緬甸玉珮、翠玉小壽桃、石榴石、琥珀。

創作構思：
以蝴蝶緬甸玉珮為主墜飾，
項鍊兩邊，
各有兩段是配以小壽桃及石榴石，
琥珀在段落相互串連著。
造型蝴蝶的玉珮，
取其諧音近「福」字，
搭配小巧可愛的翠玉壽桃，
及完成了「福壽雙全」的吉祥意。
華麗而又典雅內斂的風範，
就像一場豐隆而圓滿的宴會。

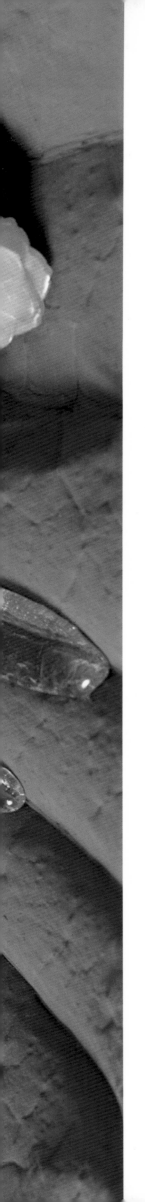

櫻桃紅蜜如冷春中，

由地底解凍的暖意，

將蘊藏在白花內的香氣，

釋放出來，

在冷冽的空氣中，

香氣輕輕柔柔流動著，

告別冬日，

迎接春天。

構成素材：
白玉花朵、雪佛蘭珠、櫻桃紅蜜

創作構思：
將白玉花朵縫在紅綠雙色的結上，
以雪佛蘭珠當花蕊，
好像一朵一朵在枝頭上綻放的花朵，
櫻桃紅蜜則將白玉花襯映得白淨而雅秀。

1994　　　　　　　攝影／王林生

老松香蜜蠟好像是潤橘、

鮮紅的柿子在甕中，

壓封一段時日後，

青春潮潤的紅澤，

換得暗藏年歲底層的繚繞香氣與回甘。

構成素材：
西藏老松香蜜蜡、三孔鑲紋三角形銀珠、
琥珀小圓珠、蜆化石小珠
創作構思：
五顆不規則狀的西藏老松香蜜蜡，
雖不光鮮，卻散發流離歲月後的溫潤扎實，
因此將五顆老松香蜜蜡聚在一起，
成了引人的主墜飾，再以三孔鑲紋的三角形銀珠，
引導由琥珀圓珠及蜆化石構成的三串珠鍊，
與主墜飾形成穩靜的平衡感。

Computer Graphic／蔡榮仁　　　　攝影／蔡重賢

不同顏色的圓珠，

都藏著不如意的心情故事，

任誰都明白身為人，

不如意之事，十之八九，

為了自我安慰及祝福他人，

芸芸眾生創造福壽與如意的祈禱文，

將福壽與如意串聯成難以分離的孿生子。

構成素材：
白玉鏤雕環扣一對、綠松石、紅磚石、黑色琉璃

創作構思：
以大小不同的白、綠、紅、黑質地的圓珠，
將成對的福壽如意環扣，均衡規律串聯成，
好事成雙的心意。

1993　　　　　　　　　攝影／蔡重賢

天天天藍，叫我不想你也難，

於是我化做一朵橘色的珊瑚雲，

讓不知情的你，帶我到天涯海角，

終於妳明白了我，讓我徜徉在妳心中，

於是我們牽引起藍藍的線，

讓一顆小珊瑚花綻放出美麗的春天。

構成素材：
老松石、珊瑚、綠色算盤子老琉璃

創作構思：
難得一見的梯形大件綠松石，
令人想到一片藍天和雲彩，
此件作品將雕刻成花的珊瑚運用的恰到好處，
松石配上珊瑚花有畫龍點睛之妙，
繩結設計也將刻花珊瑚裹住，
好像一朵朵含苞待放的花蕊，
不論在其主體或繩結的設計，
均是一體成形，非常獨特。

1995   攝影／王林生

1994   攝影╱王林生

構成素材：
紅色老珊瑚、黑色琉璃珠

創作構思：
光影就在珊瑚的艷紅與
如墨的琉璃間徐徐移動，
強烈的對比色調隱斂在簡樸的素材中。

構成素材：
管狀的琥珀（又稱那加蘭琥珀Nagaland）
黃底綠紋紅點老琉璃珠

創作構思：
管狀那加蘭琥珀有著清簡的線條，厚樸的質感，
搭配老琉璃珠鮮麗活潑的光彩，
整串項鍊在輕鬆自得中，
略帶童趣般的甜美。

攝影╱陳少維

58

995

我們常覺得自己總是默默地活著，
好像很不偉大的樣子，
但是每一個「凡人」，
即使在角落中的一啓一動，
酒如燭火星光，
有熱，有能，有影響。
也如整條珠鍊中，
少了其中的一顆小珠，
整個結構，
也就失去
比例上的平衡
與獨有的美。

構成素材：
長形及圓形切割形老琥珀、嵌入綠松石的銅珠

創作構思：
嵌入綠松石的銅珠與長形切割老琥珀，
即使做為單一的元素，
它們都具備了可以獨舞的光華，
要將兩種別具特色的材質組合在一起，
就如把兩位演技好的演員，
相聚在同一舞台演出，
要讓他們鋒芒皆能畢露，
又能同心協力的完成精采的戲，
實需靠導演的慧心。
這條項鍊就是設計者，
讓質地皆美的材質，
合奏出幽深與閃耀交錯的妙音。

1994　　　　　　　　　　　　　　　　攝影／蔡重賢

哎呀！三隻小白獅又找到新的安身處。
經過不知多少年的漂流，卻不顯滄桑，
一樣在紅紅綠綠五彩世界中，重展王者鮮活神態。
人說獅子是萬獸之王，
人又多情地希望自己的孩子，具有獅子般的領袖氣質，
卻忽略了王者風範另一層涵義，
得先頂天立地自信做人，才有本事成為有益社群的領袖。
不就像這三隻小獅，儘管外在世事凋零，
只要有機會，又將自己的自信光澤，照耀他人。

1994

構成素材：
小白玉獅子、白玉圓珠、粗紅線、黃綠線

創作構思：
過去童帽上的帽花，銀飾居多，玉則罕見，
難得同時獲得三隻造型相似的白玉小獅，
居中者較大，直徑2 CM；
以自由心情運用粗紅線，纏以黃綠線，
將白獅縫定在紅線上，兩邊串以白玉圓珠，
長度是頸鍊，頗具領結造型的趣味。

攝影／王林生

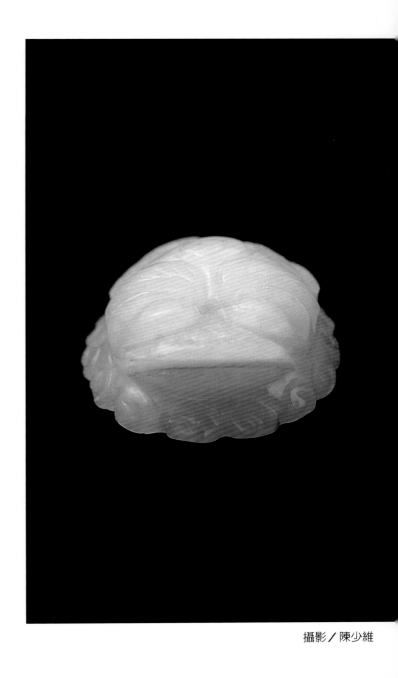

攝影／陳少維

有一個很嬌小纖細的客人，

第一次走進店裏，瞧完了店中的飾品，

說的第一句話是：「怎麼都這麼大」

於是她買走所有中最小的。

兩個月後，

她卻對我說：「你的墜子怎麼都這麼小」

甚至要求我，將當初她買的項鍊的主墜飾，

改成她所認為「醒目」的大。

一個工作室的經營，

需要常在其中流連忘返的客人，

那份客情知心，

使它的生命有了延續的生機。

需要常在其中流連忘返的客人，

那份客情知心，

使它的生命有了延續的生機。

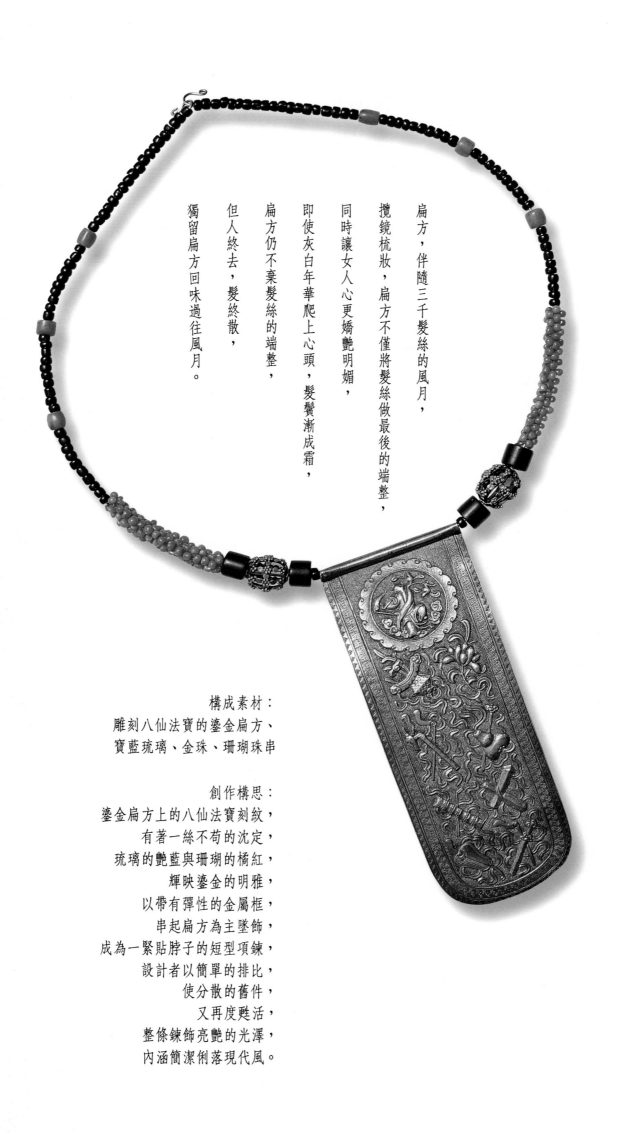

扁方，伴隨三千髮絲的風月，
攬鏡梳妝，扁方不僅將髮絲做最後的端整，
同時讓女人心更嬌艷明媚，
即使灰白年華爬上心頭，髮鬢漸成霜，
扁方仍不棄髮絲的端整，
但人終去，髮終散，
獨留扁方回味過往風月。

構成素材：
雕刻八仙法寶的鎏金扁方、
寶藍琉璃、金珠、珊瑚珠串

創作構思：
鎏金扁方上的八仙法寶刻紋，
有著一絲不苟的沈定，
琉璃的艷藍與珊瑚的橘紅，
輝映鎏金的明雅，
以帶有彈性的金屬框，
串起扁方為主墜飾，
成為一緊貼脖子的短型項鍊，
設計者以簡單的排比，
使分散的舊件，
又再度甦活，
整條鍊飾亮艷的光澤，
內涵簡潔俐落現代風。

構成素材：
銀胎鎏金扁方、鎏金盤長、
空心雕花老金珠、三角錐刻紋老蜜蠟

創作構思：
鎏金有一種獨異的光華，
既不招揚，也不承讓，
卻當然地凝注眾人的目光。
當初設計者收到曲線凹凸圓美，
雕花細巧的扁方，本只想留下把玩欣賞，
之後又因緣湊巧收到鎏金盤長，
及數顆老金珠，觸發靈思，
構想成作法大膽，
造型上大T字形的項鍊，
鎏金盤長與鏤空曲線細花的金珠，
是視覺上的起落緩衝，
如小水滴入江河，讓扁方脫離原有的功能性，
成為焦點凝聚的主墜飾，
圓錐淺紋棕色調的老蜜蠟，
讓整條鍊飾多了婉轉回韻的色澤。

1994 　　　　　　　　　　　　　　　　　　攝影／王林生

Computer Graphic／蔡榮仁

1995

構成素材：
質色溫潤老松香蝴蝶墜飾、蜜蠟圓珠、切割面的蜜蠟珠

創作構思：
古錢圖案成為蝶翼紋飾，
種類迥異的兩種圖案，在老松香上融合，
可見想像力的自由與豐富，雕工的細緻更不在話下。
以編結崁入同材質的蜜蠟珠，並在項鍊中段，串聯切割面的蜜蠟珠，
整條鍊飾因編結，因切割面的珠子，
而有了韻律起伏的動感。

渾圓鮮麗的幼蝶，

將清嫩綠枝紅花，

當成鞦韆，

在交錯的枝椏間，

飛過來，盪過去，

盡情享受自然的繁花如斯。

構成素材：
松香老蜜蠟蝴蝶墜飾、
六顆老瑪瑙花釦子、雕著猴形的橢圓瑪瑙珠

創作構思：
非常少見這麼完整而渾厚的松香老蜜蠟墜飾，
線條潤圓的蝶翼，
彷若蝶翅栩栩如飛，
在綠枝花叢間。
整件作品，
即使是瑪瑙釦子，
及猴形的橢圓瑪瑙珠，
都各具獨立之美，
相互構成，
不僅相得益彰，
又不減彼此各自獨立丰采。

攝影／陳少維

攝影／王林生

1992

彎彎的兩道銀弧像什麼？
姑娘們說：像天上的月兒彎彎，
勇士們說：向戰場上的彎刀，
小孩說：像好吃的豌豆，
藝術家說：只是創作上的靈感。

1993

構成素材：
手工打造的銀、白玉切片、紅蜜蠟
創作構思：
大膽新奇的結合了軟、硬的質材，
用顏色當調色盤，將銀的冷澀，
修飾調和，構成了一件新奇又富創意的作品。

愛情的驚心的動魄，

往往不在結局的美好，

卻在初遇時，

彼此的迷離曖昧與難以確定，

成就了愛情追逐與揣想遊戲。

鎏金挑牌上的西廂情話，

以精細雕琢凝住張生與崔鶯鶯，

背著賈母及眾人，暗暗地互訴纏綿、含情、懷春的相思，

至於他們的愛情是開花結果，

還是抵不過現實，淒涼離散，

實在是不重要了。

構成素材：
鎏金挑牌、老瑪瑙、青金石小珠、
粉色珍珠、景泰藍

創作構思：
珍珠的嬌粉，
青金石閃亮的藍，
老瑪瑙的濃紅，
鎏金的亮澄澄，
這條鍊飾，不論在色澤及材質的搭配，
都呈現舊時代的喜好，
仿若回到綽約婀娜的古典記憶。

攝影／蔡重賢

攝影／蔡重賢

咦，我的虬角鼻烟壺不見了，

原來在你的頸子上，

咦，我的香包囊不見了，

原來被你鎖在心扉，

翠玉的身體，

紅色的小嘴，

細説著一縷輕烟般的往事。

瓔珞珠璣

構成素材：

清代虬角鼻烟壺、紅珊瑚珠、甘青玉珠

墨綠色緬甸玉珠、珊瑚細珠串

創作構思：

虬角鼻烟壺本身就是件十分值得收藏的古董，

妙的是如香包的扁平造形，

好像不戴著它，也覺可惜。

深綠的虬角，配上中國的紅珊瑚，

適得其所突顯了整條項鍊的特色。

73

纓珞珠璣

攝影／陳少維

咱們是一顆顆珊瑚，

在海底與魚兒為伴，

在西藏與喇嘛為伍，

如今

終於找到自己的家，

與滾動的金柱，

與沈穩的紫檀，

咱們終於有了溫暖的窩。

構成素材：
老珊瑚、鎏金珠、紫檀木隔珠

創作構思：
單線穿珠的設計，看似簡單，
但稍一不慎，往往流於平滯，
這條雖是單線穿珠，
但設計者運用了筒狀網紋織面、
三角錐刻紋、及鏤空內嵌圓珠三種鎏金珠，
再搭配殷紅古樸的山珊瑚以及紫檀木隔珠，
使得整條直線穿珠具有遠近，濃淡的動人變化。

1996   攝影／王林生

人家說我是一塊好吃的豬肉，

其實你不懂我的心，

我是經過千錘百鍊，

蘊育了千萬年的蜜蠟，

撫摸我，香香淳淳，

戴著我，輕輕鬆鬆，

但，請別吃我哦！

構成素材：
老銀蝙蝠、銀鍊、松香蜜蠟

創作構思：
是一件趣味性的作品，
天然的蜜蠟像塊豬肉，
歲月的痕跡留在表皮如豬肉老皮，
以簡單的銀鍊中間調和了一個銀蝠，
讓人覺得既富趣味，又有個性。

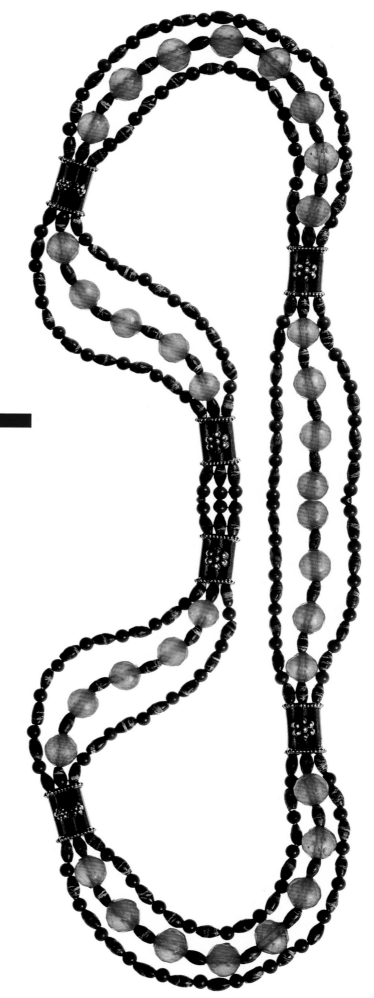

78 瓔 珞 珠 璣

絲絲的金色陽光，

融凝在金香葡萄美酒中，

勿需飲入肚腸，眼已迷醉，

用微醺的心，優游在

如夢幻般的虛實人生。

1993

構成素材：
切割面金絲珀、蜆化石米粒珠、
紅咖啡色小圓珠、三孔長方形銀珠
創作構思：
運用材質透明與不透明，
珠粒大與小的對比，與重覆排列，
讓整條項鍊在視覺上，
充滿了光的流動性與節奏美，
仿如俯瞰蓊鬱群山間，
金光粼粼的河流。

1995

牡丹訴說人間富貴與權勢，

蓮花象徵人在靈性上的淨化與修行。

大多數人的一生，

都傾力在俗世的富貴權勢中，

操縱與糾纏，

經歷如夢幻般的幻滅後，

終於——

人才開始超脫湮塵中的執著，

朝著淨化修行的長路上虔誠行進，

過著空靈如蓮花般的生活。

構成素材：
一件上雕牡丹老松香蜜蠟、二件上雕蓮花老松香蜜蠟
水滴形老翠玉珠上罩18k金、蜜蠟圓珠

創作構思：
牡丹及蓮花的老松香蜜蠟，
形成張力均衡的三角結構，
輕輕地懸吊住，上罩18k金的水滴形老翠玉珠，
帶灰調的橄欖綠編結嵌入蜜蠟圓珠，
淡淡地唱和翠玉珠上暈開的綠，
整條項鍊細細蘊釀古美的婉約。

攝影／王林生

1996

飽圓的蜜蜡，

真像一顆碩實潮潤的果子，

令觀賞的人心生欣悅輕暢的美感，

怎能不贊歎當初孕育它的巧手。

構成素材：
黃色蜜蜡、古董銀件

創作構思：
在面對不新又有些破損的舊飾件，
若具有寬廣的心情，
常會產生更新的組合，
讓舊件有再生的空間，
這條鍊飾就是以髮簪上的銀雕飾件，
將老蜜蜡圓珠擁裹在中間，
成了混然一體的墜飾，
再以古董銀花勾子，勾住蜜蜡主墜飾，
串以細紋銀鍊，在清爽中另有雋妙的情味。

攝影／王林生

珊瑚如花之種子，

被風吹拂輕盈的種身，

風停，種子落泥地，

靜止，

內在卻隱藏蠢蠢欲動的生機，

只要時機一成熟，

種子即爆裂發芽，

開出一抹艷紅，

迎風搖曳，

呼應大地的眾綠。

84

瓔珞珠璣

1994

構成素材：

緬甸玉鐘形玉珮、老虬角連環套、

東陵玉管、老珊瑚、黑色琉璃玉珠

創作構思：

靈感來自花之種子，

自然界的一切，常帶來創作的活力。

紅配綠是自然調色盤，常見配色。

這條項鍊以黑色老琉璃玉珠，

淡化紅綠在視覺上的野艷，

卻不減亮眼的活力。

攝影／陳少維

在可以躺臥的崗陵上，

一道金色的光芒閃耀，

在擁有歡樂的歲月裏，

福、祿、壽、囍全然到，

立於最適然的角落，

傾聽人們的讚美。

1996

一顆顆晶瑩的黃果子，在細細蜿蜒的綠枝上，
跳躍結果，嬌黃潤澤的清涼水意，
誘引著人的心意。
清透欲滴的艷果，展現自然界的豐收。

構成素材：
黃色蜜蠟、綠色琉璃管、黑色及紅色琉璃珠
創作構思：
嬌黃嫩澤的蜜蠟，如綠枝上的果實，
以黑色、紅色的琉璃珠，
調和蜜蠟黃艷光澤。
整調鍊飾的晶瑩剔透，令人耳目清新。

瓔珞珠璣

構成素材：
貼近金紅色的扁形切割面金絲珀
元寶造型內嵌壽字緬甸玉
喜字造型緬甸玉外鑲葫蘆曲線白K金

創作構思：
材質為緬甸玉的喜字外緣，
鑲上葫蘆曲線的白K金，
當喜字的字形結合葫蘆曲線的圖像，
產生字形同時具有圖像之美的雙重功效，
並且與元寶內嵌上壽字的緬甸玉，
有了異曲同工之妙。
搭配扁形金絲珀，將溫雅的緬甸玉，
引進明亮流暢的現代風。

攝影／王林生

994　　攝影／蔡重賢

瓔珞珠璣

甚至常因「編錯結」，將錯就錯，

發生柳暗花明的開闊與靈思。

在編結的運用上，很少用到繁複的編結技巧，

剛開始也常用到童軍的簡單編結，

甚至常因「編錯結」，將錯就錯，

發生柳暗花明的開闊與靈思。

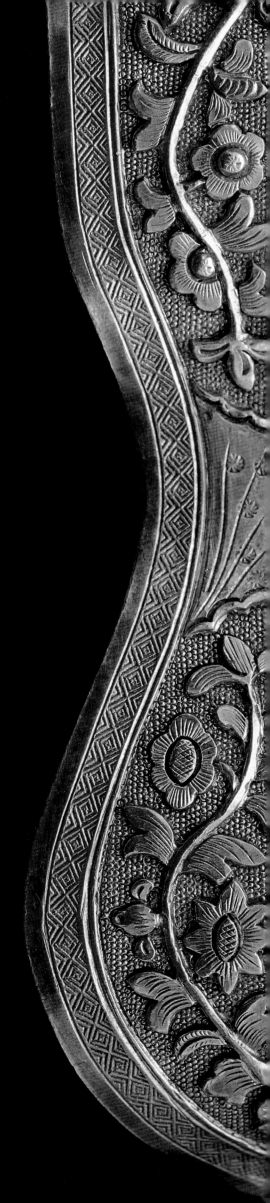

不經意中，躍入心中的美景，

撥雲見日般，解開心中的困惑。

當遇到創作的瓶頸，就暫且放下一切，

推開門，走到街上，隨意看看，

不經意中，躍入心中的美景，

撥雲見日般，解開心中的困惑。

白玉小花似乎是清純無瑕的少女幻化而成，

對生命充滿著青澀的憧憬與希望之夢。

紅珊瑚雕花卻像是

承受生命起落風霜的女子，

深懂人情世故，

又具有地母般的胸襟。

女人的生命

若能如白玉小花結合紅花珊瑚雕花，

該有多圓融。

青澀消失了，

散發出智慧的光芒，

同時保有清純的生命熱情。

構成素材：

白玉小花、雕花紅珊瑚

創作構思：

運用原本是衣服鈕子的白玉小花，

縫在主線上。

白玉花與白玉花之間，

以六顆雕花珊瑚珠，

分兩側編結固定。

項鍊長度約25CM，

貼繞在頸項上佩帶。

真是好花四季常在，

此作品佩帶也沒有季節限制。

Computer Graphic／蔡榮仁　　　攝影／王林生

1995

當繁華全非，

指甲套脫離附會富貴奢侈的小配角，

經歷一段甚少人需要，

及矚目的寂寥歲月，

老銀胎景泰藍指甲套，

終於顯露其獨立丰姿，

與紅珊瑚及黑琉璃，

共同合奏出隱含歲月滄桑的典麗交響樂章。

構成素材：
老銀胎景泰藍指甲套、珊瑚、黑琉璃珠

創作構思：
雕工淡雅細巧的老銀胎景泰藍，
如柳月眉的弧度，造型有其獨特性，
當與大小不等、五條由短到長，
紅珊瑚與黑琉璃珠串聯在一起，
構成典麗而耀眼的氣勢。

攝影／王林生

1996

一閃一閃亮晶晶，

掛在天上放光明，

掛在頸上放感情，

好像許多小眼睛，

照亮你的小心靈。

構成素材：
藍色古琉璃珠、白玉片

創作構思：
將線編成一個璜，
吊上大小不一的琉璃珠，
縫上小白玉鑲片，
豪放中，帶點中國味，
在燈光下，
散發出如神秘高雅的寶石。

攝影／王林生

恍如幽夢，

幾千年後，一萬里外，

我看見你悠悠甦醒，

僻邪的眼睛，

藍色的軀殼，

千年之後，

卻只有一個目的，

讓邪惡遠離，讓善的進來。

攝影／陳少維

構成素材：
戰國琉璃古珠、管狀老琉璃鎏金珠

創作構思：
此件戰國琉璃古珠，
無論以文物角度或飾品角度而言
是件極為難得的作品，
幾千年的歷史背景，
完美無缺的眼珠，
好像在細說著無盡的故事，
而每一顆珠子，都有其心情，
仔細聆聽它，就能表現它的美，
此件作品大小色澤一樣的戰國珠本就極為難得，
再配上管形中間色的琉璃，
就更突顯戰國珠的古典悠雅，
既有樸拙之美，又見精緻巧妙。

1995

重複又重複，

每人都在唉歎日子的一成不變，

重複又重複，

每人卻在唉歎中活得帶勁，

重複又重複，

唉歎與帶勁中，

流動的秩序與款款深情油然而生。

攝影／王林生

構成素材：
白玉珠、蜜蠟珠、紫色琉璃珠

創作構思：
以白玉珠為經，以蜜蠟珠為緯，
形成縱橫重疊交錯的雙排珠串，
簡單的排比，
在秩序中卻不顯呆板，
在規律中卻有著音樂的旋律之美。

1996

是什麼樣的心情，

才能迎擁濃媚欲滴的顏色，

是什麼樣的季節，

才綻放出奔放欲燃的顏色，

人的一生能遭幾回，

篤定又強烈的釋放，

遇上了只願淺酌難得的濃異，

還是讓自己也瘋它一回，

心眩驚悅一番。

構成素材：
綠碧玉圓珠、蜜蠟圓珠、景泰藍指甲套

創作構思：
以一種隨意自在的心情，
將綠碧玉圓珠及蜜蠟圓珠聚合成主墜飾，
景泰藍指甲套捧護著如花束般的墜飾，
黃綠交置的采顏，搭配艷色如新的景泰藍指甲套，
構成濃郁華麗的頸鍊。

攝影／王林生

構成素材：
蟠龍琥珀鑲件、紅綠雙色團錦祥雲結

創作構思：
整塊琥珀上的蟠龍，
雕工靈巧，肌里細微，
充滿尊貴神態，
編上八朵團錦祥雲結。
緣於神龍總是見首不見尾，
出沒在無垠的雲海仙境。

1993　　　　　　　　　　　攝影／蔡重賢

104　瓔珞珠璣

構成素材：
清代翠玉琉璃珠、白玉花、酒紅色石榴石
創作構思：
兩側鑲上白玉花的銀頸鍊，靈巧地托起翠玉琉璃珠，
纏聯在翠玉琉璃珠與銀頸鍊間的軟質紅線，
誘舞出銀鍊與白玉花，堅實中溫潤的柔光。

1995　　　　　　　　　　　攝影／王林生

翠玉琉璃如爛漫綠意的青春年華，

構成素材：
上刻喜上眉梢蜜蠟鑲件、蜜蠟圓珠

創作構思：
蜜蠟鑲件雕工栩栩如生，
以深沈橄欖綠編結，
並點綴幾顆蜜蠟圓珠，
深沈的橄欖綠
調和喜上眉梢洋溢的纁黃，
並重溫舊時溫煦的時光。

豐盈民俗美學及人們的生活。
刻化成各具神態的龍姿，

1993   攝影／蔡重賢

構成素材：
清代翠玉琉璃珠、細圓結構成手工鏤空銀珠
綠底白紋琉璃珠、石榴石
創作構思：
銀珠鏤空的心，令翠玉琉璃大而圓實的質感，也沾染些許迴旋的空靈，
石榴石的流蘇，是銀綠光澤中淡掃的紫紅，使得整串項鍊在清雅的風采中，增添一絲溫紅。

1995   攝影／王林生

煥發著從容簡單之美。

攝影／陳少維

攝影／陳少維

不知是誰，

將人間最好的祝福——長壽，如意富貴，全安置在這提藍，

不知是送給誰？誰又真能全俱享這人間至福？

享了人間這至福，那下輩子又該如何？

然而牡丹、壽桃、如意在提藍內，

卻盡忠職守扮演自己的角色，

完成這份花團錦簇的隆盛心意。

構成素材：
白玉花籃玉珮、鏤空白玉花片、紅蜜蠟、
白玉珠、黃白琉璃珠
創作構思：
以雕如意、壽桃、牡丹吉祥圖案的白玉花籃為主墜飾，
兩旁搭配鏤空白玉花片、紅蜜蠟
、白玉珠、黃白琉璃，
恰如其分地呼應
白玉花籃的細膩溫純光芒。

1996

為自己找個理由盛裝一下，

像灰姑娘一樣，

接受王子的邀請，

轉啊！轉啊！

盡情地舞動著，

即使午夜鐘聲已響起，

但我仍是眾所矚目的辛德瑞拉，

因為我擁有盛裝的項鍊。

攝影／王林生

構成素材：
鑲嵌螭龍松香老蜜蠟、蜆化石、琥珀

創作構思：
螭龍圓形鑲嵌松鑲蜜蠟，
下接花苞狀的松香，形成主墜飾，
並以蜆化石、琥珀小圓珠穿串成六條的頸鍊結構，
這條頸鍊的鎖扣，不像一般的項鍊扣在頸後，
設計者將鎖扣藏身在螭龍主墜飾的背面，
因此，在佩帶時，需左手托住主墜飾，
右手將六條珠串，輕輕纏轉，
並將珠串由頸後繞至胸前，
與主墜飾形成沒有結痕的圓。

1995

在清溪中探身而出，

我們是一群平安吉祥的小桔仔，

吉吉利利，

平平安安，

流過曠野，流過溪邊，

在人們心中，茁壯，長大。

攝影／王林生

構成素材：
老松香蜜蠟、瓷瓶、雪佛蘭小圓珠

創作構思：
在主墜飾的設計上，完全可看出設計者的破局之心。
原本只是古瓷瓶，由於設計者不受瓶狀格局的拘束，
將古瓷瓶從中剖為兩半，因為敢於「破局」，
創造力也油然而生，由松香蜜蠟圓珠及雪佛蘭小圓珠，
串結成的數條垂穗，與灰鬱藍色調的瓷瓶，
相合成新意獨具的主墜飾，
另以橙黃蜜蠟圓珠，運用重複的穿珠手法，
成為旋律諧和的鍊飾，
這條項鍊仿如一條清澈溪河，
予人源源相續的流動感。

1993

攝影／蔡重賢

福握佛手中，
凡夫俗子，總汲汲營營地趕赴廟宇，
祈求佛菩薩輕灑甘露，保佑好運常在，福澤隨身行。
或許，
佛菩薩真的擁有無邊法力，福澤眾生，
自以為渺小的凡夫俗子，總希望透過象徵物，
向外祈福，向內喚起內在人人皆有的佛性吧！

構成素材：
清代白玉佛手、不規則綠松石、綠松石小圓璧、紫色石榴石
創作構思：
在堅硬的白玉，能夠雕刻出線條這麼圓渾的佛手，
手背上還依附著一隻蝙蝠，可見當時師傅的手工技藝，
以及美學素養，實非今日可尋得。
以玉質溫潤的佛手為主墜飾，不規則老綠松石的沈穩色調，
及半透明紫紅色石榴石，共同烘托福握佛手中的心意。

瓔珞珠璣

1994

攝影／王林生

構成素材：
雙面雕福祿壽如意圖案的三彩緬甸玉
琥珀圓珠、翡色玉珠、
綠色半寶石小珠

創作構思：
三彩緬甸玉，雙面雕福祿壽如意圖案，
雕工立體結構完整，因此珠鍊的設計，
只需以平實的作法，呼應水頭足的緬甸玉，
於是設計者在色調搭配上，
以琥珀、翡色玉珠、綠色半寶石珠花，
相應三彩緬甸玉的色調與質感，
整體呈現古典而沈靜的素美。

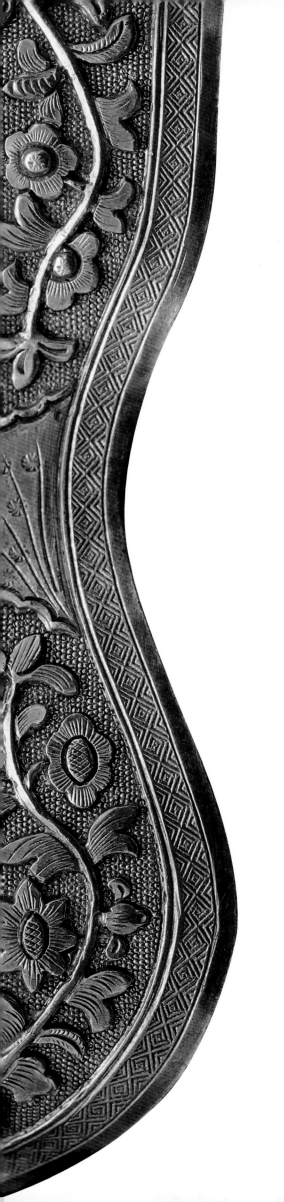

從事設計，

就好像把自己置身在不落幕的舞台，

隨時都得面對推門走進來的客人，

有時候面對客人的要求，

心裏總會暗自嘀咕：「怎麼可能啊？！」

但是客人至上，總不能太固執己見，

當嘗試達成客人的要求，放下自己的堅持，

出乎意外地又撞擊出，許多創作的火花。

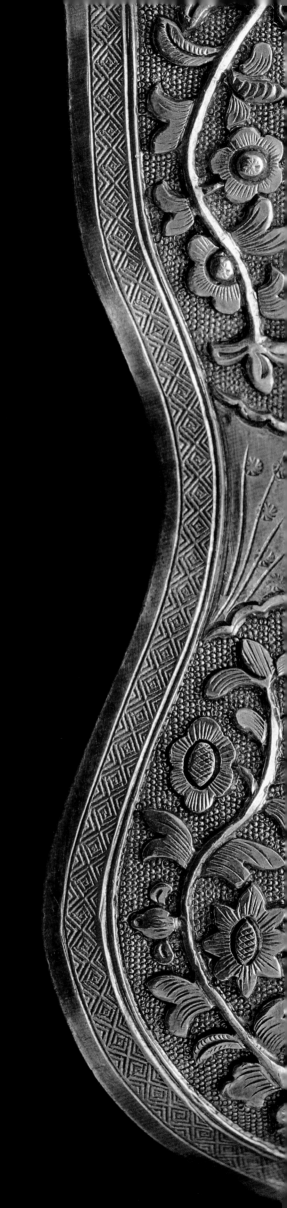

他設計主墜飾，我設計鍊飾，

一件件的作品，就在桌面上成型，

十天的成績，

打響了名聲，也揮別過往的不如意。

第一次個展，連續十天，

我們每天睡不到三小時，

在一張小書桌上，

我們面對面而坐，

他設計主墜飾，我設計鍊飾，

一件件的作品，就在桌面上成型，

十天的成績，

打響了名聲，也揮別過往的不如意。

蜜蠟、長方體綠松石、紫色石榴石、

就這麼在橢圓形的白玉兩旁，

玩起了平衡遊戲。

真是增一顆太多，減一顆不足。

就像生活，

人總在各種階段，

去拿捏自己認為恰如其分的韻律吧！

構成素材：
橢圓形白玉、石榴石、蜜蠟、長方體綠松石

創作構思：
用最簡單的元素構成的項鍊，
線條的流暢簡練，是顯而易見；
而隱在其中，最難的部分，
就是如何細細琢磨，珠鍊兩邊平衡的分寸，
以及佩帶時，和人體的貼合度，
這部份隱而不見的難度，
只有創作者及佩帶的人，
了然於心。

　　　　　　　　攝影／蔡重賢

1995

不是紅透的紅柿子，

不是中秋的蛋黃餅，

更不是香淳的蜂蜜香皂，

而是合和二仙捧著地祝福。

攝影／王林生

構成素材：
金絲老琥珀、雕花合和二仙老銀

創作構思：
撫握著雕工潤暢細巧，
表情生動的合和二仙老銀，
面對精雅的舊件，
實在不需要銳意飛揚的創意，
僅以簡單素淨的心情，
將金絲珀鑲上白金外緣邊框，
並以銀質圓弧頸圈，
串聯合和二仙老銀與金絲珀，
形成典麗與前衛並置的風貌。

1996

如果蝴蝶的姿態可以選擇，

我願停駐在岸邊，

如果如意的方式可以選擇，

我願四方皆如意，

隨浪而來的如意，

友人，

我願祝福你一切皆如意。

攝影／王林生

構成素材：
清代松香蜜蠟片、蜜蠟圓珠

創作構思：
舊有的飾件，要做鑲嵌的設計，
是非常不容易的，
因為老飾件有其形神具足的氣味，
鑲嵌設計若不得當，
反而破壞老飾件原有的美感，
這件鑲嵌設計不僅讓清代松香蜜蠟片，
紅潤雅緻的光澤徐徐流露，
更在結構上形成平穩與均衡的比例。
以柔軟的線穿上蜜蠟圓珠，
纏以非堅非軟的金蔥線，
搭配堅實的鑲嵌配件，
使得整條鍊飾充滿亦堅亦柔的韻致。

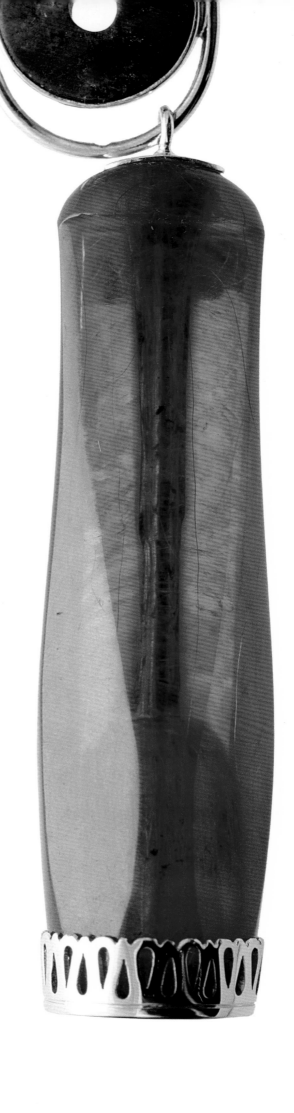

你像一屢輕煙，

輕輕地，吸一口，在雲端，

你像一根羽毛，

輕輕地，吹一口，行蹤飄忽，

為了鎖住你，

我只有化成一隻琥珀煙管，

好好地，慢慢地，吸進我心中，

而你，再也不會飄走，

永遠地，佩帶我心中。

Computer Graphic／蔡榮仁　　　　　攝影／陳少維

更突顯主題的特性，此件作品可說是創意十足，

話題也十足的好作品。

將琥珀煙管做成飾品本身就是件極大創意，

用簡單的K金線條去表現煙管，

創作構思：

古董歐洲金絲琥珀、K金、青金石

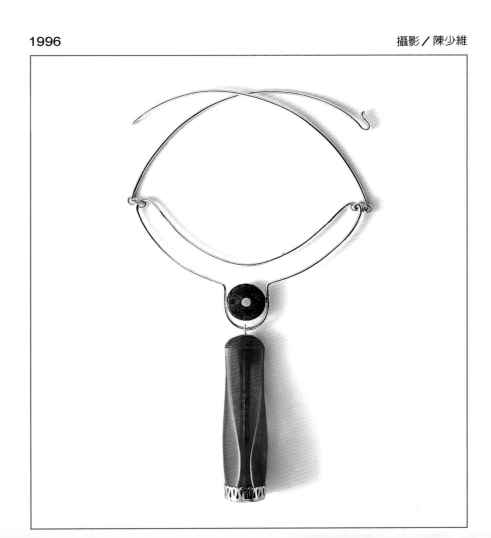

構成素材：

1996　　　　　　　　　　攝影／陳少維

1994

看似簡單的七個音階，

在重覆對等交錯中，

組成精密和諧的結構，

如巴哈的樂章，如建築，

少一分，多一分刻度，

都不成樂章，難成建築，

只有在精密和諧的結構中，創意湧現。

攝影／王林生

構成素材：
大小不等蜜蠟、老銀蝙蝠、鎏金釦子、
管狀琉璃、雪佛蘭珠、刻花琥珀

創作構思：
對創作者有趣的考驗，
就是面對造型平凡簡單的材料，
如何以重覆與規律排列，
形成令人驚喜的創作。
這條領帶形項鍊即是如此。
領帶本身造型是非常棒的裝飾藝術，
以一大一小松香蜜蠟，組成葫蘆形狀，
上飾以老銀蝙蝠，下配以鎏金釦子，
構成整條項鍊的主墜飾，
在主墜上面，以造型簡單的幾種材質，
重覆而規律的排列，
結構成這條新中略帶古意，
創意十足的領帶形項鍊。

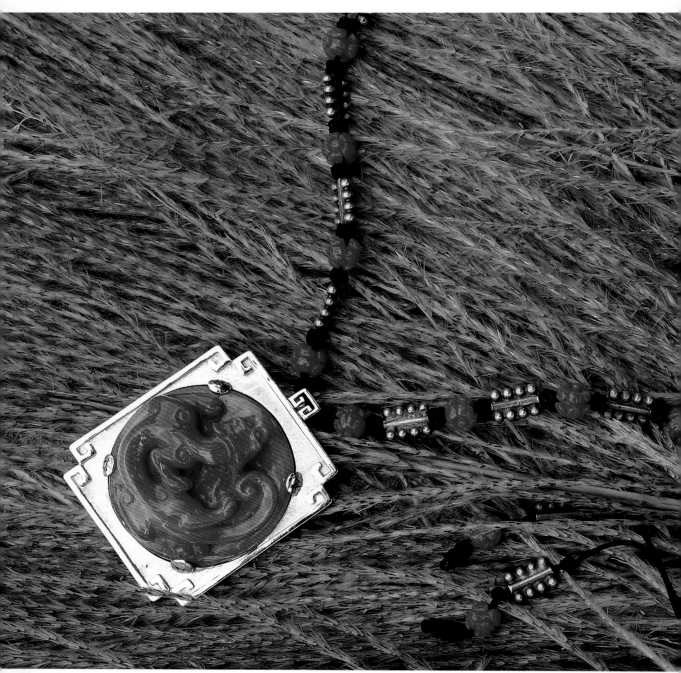

1995

飛龍似乎在天地渾屯初成時，

與天地澎湃的生機，同時孕育而成。

不論其飛天隱地總令人難窺其全貌，

人們嚮往飛龍地位獨一與崇高，

卻恆常看不見，高處不勝寒的清寥，

以及無任何人可依附、攀緣，

唯有自己，唯有自己面對一切的生死難題。

構成素材：
k白金方形邊框、將珊瑚螭龍珮鑲嵌在圓形內、
珊瑚刻紋花珠、扁長形銀珠（兩側邊雕飾小圓珠）

創作構思：
身形圓潤，尾巴弧度捲圓流暢的珊瑚螭龍珮，
將其鑲嵌在k白金霧面與亮面交融的框座中，
螭龍的鮮靈活現，與天圓地方的宇宙生機，
恆古同在。

攝影／王林生

走在思念的路上，

不知何時才能走完？

只好將熱度逐增的思念，

一針又一針縫在紅潤珊瑚上，

當縫完時，

是否已到達思念的彼岸？

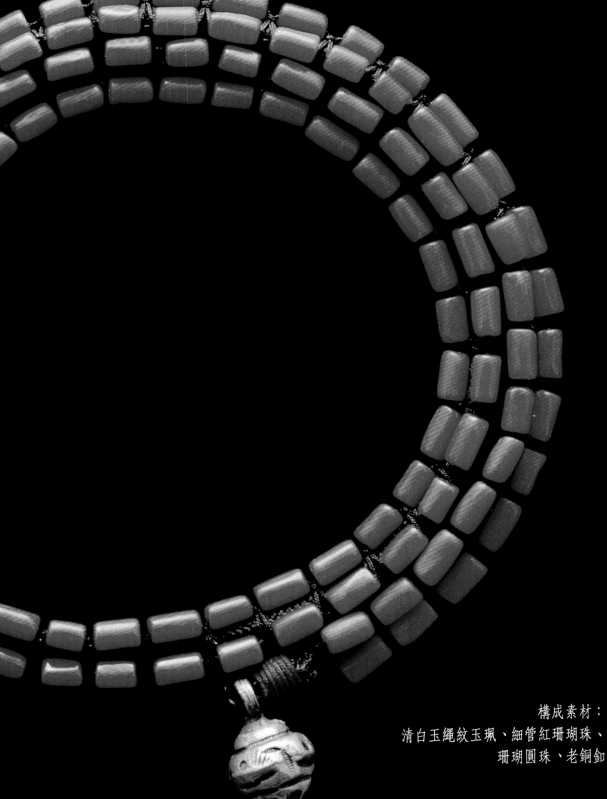

構成素材：
清白玉繩紋玉珮、細管紅珊瑚珠、
珊瑚圓珠、老銅釦

創作構思：
以細管紅珊瑚呼應玉珮繩紋的線條，
縫在藍色粗線兩側，
恍如數理上的虛線相連，
成為圓實順暢的頸鍊。
老珊瑚的溫紅更襯托出，
白玉紋繩玉珮的清幽沈凝之美。

1993

真像秋天山巒樹林的彩顏，

將落未落金黃樹葉，

交錯生機仍旺的幾抹綠意，

熟透的果實已逐漸落在山谷泥地，

裹覆著層層落下黃葉，共度寒冬。

當春天來時，

果實、落葉早化為泥地的養分，

供養著，再生新抽的綠芽嫩葉。

攝影／蔡重賢

構成素材：
黃色蜜蠟、紅咖啡色半寶石小圓珠、
小玉璧、再生管狀琉璃珠

創作構思：
結構上是單線穿珠與多線（三線）穿珠並置的一條項鍊，
突破了項鍊只是單線、雙線、或三線...穿珠的既定格式，
扁形淡綠色玉珠、紅咖啡色半寶石小圓珠、以及黃色蜜蠟，
共同架構成這條項鍊的主要視覺焦點，
使得項鍊的主墜飾，不再拘於單面或單顆墜飾，
而是線與面的交融，形成富節奏感的設計。
色調的搭配以帶灰的濁色調為主，
但是色彩微揚的黃色蜜蠟與雅綠的玉珠，
令整條鍊飾沈靜中而帶稍許的華麗之美。

1995

以深愛與思念，

編織成情網，

掛上大大小小的銀珠，

風中仙子來相助，

風飛，銀珠響，

遠方的人，可否聽到，

藉風，藉銀珠，

傳來的嬌脆呼喚？

攝影／王林生

構成素材：
大小銀珠、棗紅線繩

創作構思：
以簡單有序，重複編結的手法，
形成類似古代披肩的鍊飾，
並在網狀結構中，
由外緣向內，懸掛上大小不等的銀珠，
簡單的秩序中，卻有著從容的雍雅。

構成素材:

內含昆蟲琥珀、古董金絲琥珀、長扁形銀珠

創作構思:

鑲銀霧面橄欖形雙層夾框,

並以半圓弧的銀線,

將琥珀安穩地扣定在中間的方形框格內,

又在鑲銀霧面上點綴螺旋盤紋,

設計者似乎要相應昆蟲凍凝在琥珀內的意涵,

以銀框座將琥珀框限在其中,

但隱隱突圍復活的張力,

藉由螺旋盤紋汩汩飛旋而出。

毫無準備，毫無預警，

就這麼被凝囚在琥珀裏，

年華在琥珀之內靜止，

千萬年光陰在琥珀之外流逝，

靈魂是活，還是死，

還是在既不能生，又不能死中，

飄零...

　　　　　　　　　　　　　　　　　　攝影／陳少維

我是個性情明朗，直接，點子多，在不間斷的創作中產生活力的人。

我先生則是靜逸，敏銳，細膩，追求精確與完美的人。

過去做陶藝，我只會拉坯，他只會修坯，

現在，他擅用金工設計墜子，我負責鍊飾的設計。

我們之間有相異的互補性，當然也有相異的衝突，

每當我想到創意的點子，就會詢問他執行的步驟，

有時候一聽他的想法，又覺得有實際的難處，

我的不苟同臉色，也會惹毛他，

他就會說：「豬腦！」遂拂袖而去。

我暗想：「我是屬鼠的呀！」

在既和諧又爭執中，

我們也牽手走過十年的悲歡年華。

作者簡介

1983	東海大學歷史系畢
1990	首飾作品於台北敦煌藝術中心展出
1991	首飾作品於台北敦煌藝術中心展出
1992	台北愛誠館首飾創作聯展
1992	成立朱的寶飾工作室
1992	台北鐵網珊瑚首飾藝廊開幕展
1992	台北中華文物藝術研究室古玉首飾個展
1993	台北鐵網珊瑚首飾藝廊個展
1994	台北觀想文物藝術中心開幕展
1994	高雄美術館開館活動──藝術擺攤聯展
1995	台北朱的寶飾作品展
1996	台北琉璃古珠作品展
1996	作品集瓔珞珠璣完成

台北市中山北路5段647號

TEL：28311886

郵政劃撥帳號：18972541

戶名：林芳朱

瓔 珞 珠 璣

古董首飾設計藝術

國家圖書館出版品預行編目資料

瓔珞珠璣：古董首飾設計藝術 / 林芳朱作
-- 初版. -- 臺北市：淑馨，民86
面； 公分
ISBN 957-531-540-5（精裝）

1. 飾物－設計 2.珠寶業

486.8　　　　　　　　　　　86000160

作　　者：林芳朱
監　　製：楊君烱
文字構成：周曉春
美術設計：蔡慧娜
攝　　影：陳少維、蔡重賢、王林生
電腦影像繪圖：蔡榮仁

出 版 者：淑馨出版社
發 行 人：陸又雄
地　　址：台北市安和路2段65號2樓（日光大廈）
電　　話：7039867‧7006285‧7080290
郵　　撥：0534577～5淑馨出版社

製版印刷：博創印藝文化事業有限公司
法律顧問：蕭雄淋律師
登 記 證：新聞局局版台業字第2613號
出　　版：1997年(民國86年)1月初版
　　　　　1997年(民國86年)1月一刷
定　　價：1200元
ISBN 957-531-540-5（精裝）